DES

LECTURES MALSAINES

PAR

Abel VAUTRIN

« Dis-moi ce que tu lis, je te dirai qui tu es. »

PRIX : 25 CENTIMES

LYON
LIBRAIRIE ÉVANGÉLIQUE
10, rue Lanterne, 10

1894

PRÉFACE

Nous nous sommes décidé, sur le conseil de quelques amis, à publier ces pages qui ont fait l'objet, en partie, d'un rapport que nous avons présenté à la Section Littéraire *de l'Union Chrétienne de Jeunes Gens de Lyon.*

Notre unique but en les propageant est de servir, quoique dans une faible mesure, la cause qui nous est chère.

Nous aurions voulu être plus complet, plus intéressant et surtout plus persuasif; cependant, Dieu peut bénir, ne fût-ce que pour une seule âme, la lecture de ces lignes, nous le Lui demandons, dès maintenant, et nous Lui en sommes d'avance reconnaissant.

A. V.

Lyon, août 1894.

TABLE DES MATIÈRES

Lyon, imp. Alricy & Faucque.

DES

LECTURES MALSAINES

I

LES LECTURES QUI TUENT ET CELLES QUI FONT VIVRE

Pour tout homme qui réfléchit, il est incontestable que les lectures malsaines sont une des causes les plus puissantes de démoralisation dans notre pays. Surtout pendant ces dernières années, les lecteurs et les auteurs se sont multipliés dans des proportions effrayantes. Il faudrait s'en réjouir si tout ce qui s'imprime était bon ; mais, hélas ! au milieu de cette marée montante de publications de tous genres, il en est qui ne visent à rien moins qu'à dégrader l'âme humaine, à l'avilir, à la tuer à jamais. Sous prétexte de peindre le vrai, le réel avant tout, beau ou laid, notre siècle a vu éclore une multitude de romans corrupteurs.

A côté de ces livres, les journaux ont conquis une place considérable, et l'on peut dire que l'influence désastreuse exercée par la feuille maudite est encore plus grande que celle du livre.

Par de grossiers allèchements, on attire le

public, on annonce le prochain feuilleton en promettant qu'il produira une grande sensation et que ce sera intéressant pour le lecteur, tant à cause du sujet que de l'imprévu des péripéties.

Ces journaux sont distribués gratuitement dans les rues à des jeunes filles, à des jeunes gens, à des enfants mêmes. Ce sont les premiers numéros contenant, à titre d'appât, les débuts du roman obscène. Peut-on s'étonner, après cela, de la décadence d'un peuple si l'on songe à la nourriture spirituelle qui lui est offerte ? Ces lectures malsaines sont une des causes qui hâtent le progrès du matérialisme ; d'une manière générale, elles détruisent chez l'homme la rectitude du jugement, la pureté du cœur, ces deux gardiens de l'être moral. Elles sont des camarades vicieux qui le conseillent mal et le pervertissent ; leur influence, qui est considérable, nous l'avons déjà dit, agit plus ou moins rapidement, suivant la nature morale de l'individu, mais elle n'en est pas moins funeste.

Les exemples abondent qui prouvent leurs effets désastreux ; en France surtout, elles ont été pour une large part dans les causes qui ont amené à la ruine morale, et souvent aussi matérielle, bien des jeunes gens sur lesquels on avait fondé de légitimes espérances. Mieux vaudrait pour eux n'avoir jamais su lire, car les effets de semblables lectures ne sont-ils pas encore plus pernicieux que l'ignorance ?

Nous ne saurions donc trop insister, d'abord sur un mal aussi réel que poignant, car si nous étions convaincu de la puissance formidable du mauvais livre et du journal, nous aurions à cœur de faire quelque chose pour arrêter la marche du poison. Hélas! faut-il le dire, ceux qui, les premiers, ont reconnu l'étendue du mal, ont goûté à la coupe empoisonnée souvent; ils ont lu le livre condamnable sous prétexte de force morale pour résister, et ils se sont trouvés sans force pour le combat.

Qui nous donnera des hommes capables de lutter jusqu'au bout contre le fléau qui nous occupe, quand il s'agit de la société, de la famille directement menacées; il vaut pourtant la peine non seulement d'ouvrir les yeux, mais de s'armer et de vaincre; la victoire est à nous : si nous voulons, Dieu nous la donnera.

Les mauvaises lectures ont un point commun, le mépris de la conscience; elles sont plus ou moins pernicieuses pour l'âme, suivant leur genre; il y en a qui prêchent ouvertement l'incrédulité, le matérialisme, qui prônent les mérites de la force, de la science, qui enseignent le culte des jouissances.

Ces lectures-là pour n'être pas lues par un très grand nombre d'individus peu cultivés, n'en exercent pas moins une fâcheuse influence, d'autant plus que, quelquefois, les récits sont attrayants, parés des plus riches couleurs; ils n'infiltrent pas dans les âmes un matérialisme grossier, mais d'une manière agréable, lentement, toutes les négations. « Certains poisons, dit M. de Gasparin, cer-« taines idées, certaines images ne tuent pas « l'âme dès le premier jour, mais elles de-

« meurent, elles reparaissent, elles se joignent « à d'autres tentations et déterminent des chu- « tes profondes. Il est des moqueries au sujet « de la foi qui semblent avoir glissé sur nous, « et que nous retrouverons peut être un an, « dix ans plus tard ; le virus a circulé, la « croyance s'en est allée peu à peu, pièce « après pièce, décomposée par un scepticisme « latent dont nous n'avons pas même eu cons- « cience. »

D'autres lectures, plus cyniques, font l'apologie de l'adultère et du suicide, celle de l'amour libre, critiquent le mariage et sapent les bases de la famille et de la société, d'autres encore se plaisent dans la peinture des bas fonds de notre nature, analysent le vice : c'est une odeur de mort que cet amas de convoitises honteuses ; d'autres enfin prêchent le système de la passion irrésistible et celui de l'âme irresponsable. Le vice et la vertu, la noblesse et l'infamie sont soumis à des lois fatales ; tout est nécessité chez l'homme et il n'y a plus que la satisfaction de ses appétits qui domine. Pascal disait : « ni ange, ni bête », mais pour les auteurs de pareils écrits, il n'y a que la bête ; celle-ci est livrée à tous ses instincts, aucune volonté ne saurait la faire détourner du chemin qu'elle doit suivre fatalement.

Pour être complet, il faudrait mentionner ces lectures dans lesquelles on assiste aux vols, aux enlèvements, aux assassinats, aux empoisonnements. C'est à cette littérature que nous devons les plus gros forfaits ; on dirait qu'on a créé spécialement à l'usage du peuple avide de cette sorte de presse, tout ce qu'il y a de plus grossier pour empoisonner son intelligence et son cœur et l'exploiter plus facilement ensuite. Tout naturellement se rattache à cette catégorie de lectures, le compte rendu journalier des tribunaux, dont les détails scandaleux parfois devraient demeurer secrets parce qu'ils sont une véritable école d'immoralité et peuvent pousser au crime.

Et quand, par hasard, au milieu de ces lectures de tous genres, fortement pimentées, il est parlé des actions honnêtes accomplies, elles passent inaperçues noyées qu'elles sont dans la boue ; d'ailleurs, le public ne peut pas les prendre au sérieux, elles lui semblent tellement anormales : l'attrait principal se concentre dans les faits et gestes des tristes héros du livre ou du feuilleton.

Lorsque les productions malsaines revêtent une forme brutale, le dégoût s'empare des âmes chez lesquelles il reste encore un fond d'honnêteté et de pudeur ; mais ce n'est pas toujours le cas, le vice se présente sous la forme la plus aimable, la plus séductrice, l'écrivain semble avoir mis au service de sa cause détestable, toutes les ressources de sa plume imagée et fleurie ; le poison est d'autant plus subtil et dangereux qu'il se présente ainsi revêtu des plus séduisantes couleurs ; les jeunes surtout ne résistent pas à son attrait. Nous comprenons difficilement les motifs qui poussent ainsi les auteurs à la démoralisation plus ou moins accusée du public, ou plutôt nous ne le comprenons que trop, ces gens-là ont sacrifié tout à la spéculation, ils ont mis l'intérêt matériel au-dessus de l'intérêt moral et c'est pour eux qu'a été faite cette maxime déplorable : l'argent n'a pas d'odeur.

Il serait superflu de citer des exemples propres à caractériser les écrits contemporains et à montrer, comme conséquence, la voie funeste pour les mœurs dans laquelle ils se sont engagés. Les auteurs à la mode nous fourniraient un grand nombre de citations de nature à confirmer ce que nous avons déjà dit, à savoir : que les lectures malsaines sont finalement un danger public pour le corps et l'âme de notre génération.

Comment passer sous silence la question douloureusement actuelle de l'**anarchie** ; si nous la nommons ici, c'est qu'elle a plus de rapport qu'on ne croit souvent avec les lectures malsaines. Ces dernières sont une cause puissante, nous l'affirmons, des attentats criminels qui ont soulevé l'indignation publique dans ces derniers temps, et tout récemment encore par la mort tragique de l'homme intègre qui représentait notre pays avec tant de dignité.

Ce crime, on le sait, a provoqué au sein de tous les partis et dans le monde entier une explosion unanime d'horreur, de pitié, de regrets, d'estime et de douleur. Ces individus sans principes comme sans moralité, nourris de doctrines perverses, capables des plus grands forfaits, ils ne l'ont que trop montré, ont été les lecteurs assidus des livres malsains et plus particulièrement des journaux. Mais les plus coupables sont ceux qui ont écrit et poussé ces malheureux au crime, et ce sont ceux-là qui échappent presque toujours à l'action de la justice. Ces bandits de la plume ont prêché depuis longtemps la haine des classes, le mépris de l'autorité, la guerre au capital ; ils ont poussé les ouvriers à la grève, leur montrant constamment leurs droits sans jamais leur indiquer leurs devoirs ; ils ne reconnaissent dans leurs écrits ni Dieu, ni la famille, ni même la Patrie, hélas ! c'est avec du feu et du sang que sont écrites ces pages lugubres de l'anarchie dans ces dernières années. Comment s'étonner après cela des conséquences épouvantables d'une pareille semence dans les cœurs. O que Dieu veuille nous protéger à cette époque troublée que nous traversons !

Nous aurions tort de ne pas mentionner à côté de la lecture corruptrice, l'**image**, non moins funeste, car c'est l'illustration du livre. Ces gravures légères et immorales que nous voyons s'étaler derrière les vitrines de nos kiosques et de nos librairies, elles sont exposées au regard des enfants, des jeunes gens qui subissent ainsi l'influence délétère du journal sans avoir besoin de le lire ou de l'acheter.

A la question des gravures obscènes se rattache aussi celle du **théâtre**, dont nous voulons aussi dire un mot, car c'est sur la scène que se déroule l'action mauvaise du roman malsain.

Il y aurait beaucoup à dire sur ce sujet, le temps et la place dont nous disposons ne nous permettent pas d'entrer dans tous les détails qu'il comporte ; qu'il nous suffise de dire qu'en général le théâtre, quel qu'il soit, n'a jamais passé pour une école de vertu, soit par lui-même, soit par l'entourage de séductions qui l'accompagnent, au moins le théâtre moderne avec son répertoire douteux. Nous reconnaissons volontiers ce qu'il y a de bon sur nos scènes françaises, mais ce qui fait le danger c'est justement le mélange de bon et de mauvais, les pièces abominables aident à faire passer les autres, ces dernières sont peu nombreuses car les représentations théâtrales vont de pair avec les ouvrages malsains trop nombreux, hélas ! En tous cas, il faut une très grande circonspection dans le choix des pièces que nous voudrions voir représenter, il faut songer que si le livre est corrupteur au premier chef, la mise en action du livre sur nos scènes est encore plus corruptrice. Nous serions tenté de vous dire avec un acteur converti et qui a mis ses talents au service de Dieu : « J'ai servi Satan pendant trente ans et « croyez moi, vous qui respectez votre âme, « n'allez pas au théâtre. »

Le lecteur aurait certainement le droit de nous demander après que nous avons fait le procès des lectures malsaines, ce que nous entendons lui mettre sous les yeux sans danger ; aussi bien, n'aurions-nous pas voulu terminer ce premier chapitre sans dire un mot des écrits sains. D'une manière générale, toute lecture qui fait bon marché de la conscience, qui remplace nos devoirs de créatures de Dieu par les caprices de la passion, les calculs de l'intérêt est une mauvaise lecture, l'esprit en est mauvais. Nous voulons bien admettre avec Victor Hugo que « tout ce qui est dans la nature est dans l'art », mais à la condition que l'écrivain ne fasse pas taire sa conscience qui le place en dehors et au-dessus de la nature, qu'il demeure capable de haïr le mal. Il faut qu'on voie paraître cette haine, ce mépris du vice ou qu'on les devine à travers les pages de la lecture. Nous ne voulons pas être un sermonneur, mais nous avons le droit d'exiger du romancier, de l'écrivain, quel qu'il soit, de ne pas intéresser ses lecteurs au vice, voilà le livre qui tue les âmes. Or, nous voulons vivre et il y a des lectures, grâce à Dieu, qui nous donnent le désir de devenir meilleurs, qui nous élèvent au-dessus de nous-mêmes, par contraste, nous dirons, par conséquent, que toute lecture qui nous laisse plus froids pour notre devoir, le nôtre, obscur peut-être, est une mauvaise lecture, il n'est donc pas nécessaire pour cela qu'elle soit franchement immorale. Nous redirons avec Saint-Paul : « que tout ce qui est véritable, tout ce qui est « honorable, juste, pur, aimable et de bonne « réputation, tout ce qui a quelque vertu et « qui est digne de louange, voilà ce qui doit « occuper nos pensées », et nous ajouterons qui doit être renfermé dans nos lectures.

II

PREUVES PAR DES FAITS

Les **preuves** que nous allons mettre sous les yeux montrent malheureusement, sous un jour trop réel, hélas! les conséquences funestes pour le corps et l'âme des lectures malsaines. Nous désirons qu'elles inspirent à tous ceux qui sont adonnés au mal que nous déplorons de salutaires réflexions, qu'elles les amènent à délaisser complètement leurs lectures pour s'attacher à d'autres capables de leur inspirer l'amour du devoir, la passion du bien. Pour ceux qui ne seraient pas encore entrés dans cette mauvaise voie des lectures malsaines, qu'elles les détournent à jamais et qu'elles leur fassent prendre de sérieuses résolutions.

Un jeune homme qui occupait dans une ville une place honorable et lucrative dévorait des romans et non des meilleurs ; il s'aperçut un jour qu'il végétait et le voilà parti pour l'Australie en quête d'une fortune. Un an après il revenait dans sa ville, malade, désenchanté et allégé de quelques mille francs qui composaient son avoir. Encore un peu endormi dans ses rêveries, il disait en revenant : J'ai remarqué dans la lecture des romans que le héros parvenu à l'extrême misère touche souvent à l'extrême prospérité. Il a attendu longtemps cette prospérité, jusqu'à ce qu'enfin, revenu à son bon sens, il a été trop heureux d'obtenir de nouveau la place qu'il n'aurait jamais dû quitter.

Deux jeunes gens de quatorze à quinze ans entrèrent un jour dans une maison et battirent cruellement une vieille femme, ils furent condamnés à la prison. Lord Shaftesbury alla visiter leur père, honnête ouvrier qui leur dit que ses fils avaient été très sages jusqu'au jour où ils commencèrent à lire un de ces mauvais livres où le crime est dépeint comme chevaleresque. Un de ces jeunes gens lut entr'autres une histoire où l'on racontait qu'un garçon avait pénétré dans une maison tandis que son camarade attaquait une femme, et ils n'eurent l'un et l'autre aucun repos jusqu'à ce qu'ils eurent mis en pratique ce qu'ils avaient appris dans leurs lectures.

Un monsieur qui avait pour domestique une jeune fille était fort satisfait de son service ; jamais il n'avait remarqué chez elle de dispositions vicieuses. Un jour, son maître ayant un ordre à lui donner l'appela ; elle descendit aussitôt, mais s'affaissa au bas de l'escalier, prise tout à coup d'une crise d'épilepsie, ce qui ne lui était jamais arrivé, car elle jouissait d'une bonne santé. Pendant qu'on la relevait, un livre tomba de sa poche, c'était un ouvrage licencieux qu'elle avoua lui avoir été prêté par des voisins, le livre fut immédiatement brûlé, mais son contenu permit d'affirmer qu'il faut attribuer à l'action causée par la lecture la crise, d'ailleurs suivie de beaucoup d'autres, dont cette malheureuse fille fut la victime.

Deux jeunes gens se noyèrent parce que leurs parents s'opposaient à leur mariage. Quelque temps avant cet acte de désespoir, la jeune fille racontait à une autre personne qu'elle avait lu un livre fort touchant, dans lequel deux jeunes gens qui n'avaient pu contracter une union qu'ils désiraient ardemment s'étaient donné la mort ensemble. Séduite par ce fatal exemple, elle entraîna son fiancé à l'imiter.

Une jeune fille de mœurs irréprochables jusqu'à l'âge de vingt-deux ans, reçut d'une amie un ouvrage intitulé « Péchés mignons ». Peu après la lecture de ce livre elle devint méconnaissable, la candeur de son visage avait disparu, elle n'avait plus ni timidité, ni pudeur, ses allures étaient bizarres, éhontées. Abandonnée par sa famille, elle dut se faire inscrire sur les registres de la prostitution.

Un jeune écolier de quinze ans à peine, passionné pour les lectures malsaines qu'il dévorait pendant la nuit, malgré la défense sévère de son père, finit par déserter le foyer domestique pour courir d'aventure en aventure ; appauvri et malade, il est allé d'hôpital en hôpital jusqu'à ce que, un jour, arrêté dans la rue comme fauteur de troubles, il a été mis en prison, où il est mort dans la fleur de l'âge des suites de sa vie de désordre, en maudissant les livres qui avaient fait de lui un malfaiteur.

Un jeune homme très bien doué, appartenant à une famille honorable, promettait une belle carrière dans les arts, malheureusement il consacrait une grande partie de ses loisirs à de mauvaises lectures, il se passionna d'abord pour des récits de chasse et d'aventures et ne rêva plus qu'expéditions lointaines. Quelques amis lui prêtèrent des romans, il les lut avec fureur, ses loisirs ne lui suffisaient pas, il lisait des nuits entières et pendant ses heures de classe. Il finit par manquer ses études, puis, en même temps, une corruption profonde envahit son cœur, il s'adonna à tous les vices, devint brutal, violent ; un soir, à la suite d'une dispute avec son père, il saisit un fusil et se tua dans le jardin de ses parents.

Un contrôleur de chemin de fer avait acheté un livre immoral (édition illustrée) : un jour s'étant aperçu de la disparition du livre, il le chercha, mais en vain. Quelques jours après, il fut étonné de retrouver le volume à sa place ordinaire ; il ne savait à quoi attribuer cette disparition momentanée. Sa maison était fréquentée par une jeune fille honnête et d'un extérieur décent, sur laquelle il n'y avait pas lieu de faire peser des soupçons. Mais un changement subit dans son langage et ses manières, un je ne sais quoi de plus libre dans ses allures lui donna l'éveil ; il la questionna et découvrit que c'était elle qui avait pris le livre. Peu après, la jeune fille tourna mal et se jeta tout à fait dans le vice, cette lecture malsaine avait été la cause première de sa chute.

Dans une école supérieure de filles, deux demoiselles de quatorze à quinze ans qui avaient eu d'abord une conduite irréprochable se relachèrent peu à peu dans leur travail et perdirent le goût de l'étude, finalement leur inconduite les fit expulser de l'école, elles avaient lu des romans mauvais auxquels elles consacraient une partie des heures de la nuit.

Un ménage d'ouvriers vivait dans l'aisance, lorsque le mari prit malheureusement goût à la lecture des romans malsains ; il se mit à y consacrer une grande partie de son temps ; peu à peu il se dégoûta du travail, fut mécontent de sa position, se considéra comme devant faire fortune sans aucun effort. Sa femme lui fit d'amers reproches ; bientôt les querelles devinrent fréquentes, il y eut des coups échangés ; bref, on se sépara, la mère mourut de chagrin ; quant au misérable, il vécut encore quelque temps et finit dans la boisson.

III

OBJECTIONS ET RÉPONSES

On nous dit souvent : « Voulez-vous sup-
« primer la liberté de l'art, museler la littéra-
« ture ; les œuvres que vous décriez tant
« peignent les travers de la société, ses pas-
« sions, ses vertus ; examinez si la peinture est
« fidèle, c'est tout ce qu'il vous faut ».

Les écrivains se trompent étrangement s'ils croient que l'exactitude des faits est essentielle chez eux. Nous avons le droit en photographie d'exiger cette exactitude en ce qui concerne les traits d'une personne, mais non pas en littérature. L'écrivain peut représenter ce qu'il lui plait et c'est par là qu'il est responsable. La nature a ses boues, ses fanges, ses égouts, et il n'est pas beau de nous en faire respirer les odeurs. Etaler le vice à tous les yeux est-ce donc si utile et si charmant ? Au point de vue de la vérité, cette tendance à peindre les pires choses est déplorable et encore cette peinture est faite avec une sorte d'indulgence dont le sentiment se lit entre les lignes, ce qui est pire encore.

Décrire le vice c'est le propager, le publier ; l'embellir, c'est le rendre aimable. On dira que dans la Bible les pires abominations sont retracées, mais comme ces forfaits paraissent réels, propres à vous dégoûter, comparez ces fortes et saines peintures du vice à celles des pages fleuries de nos romanciers et vous verrez de quel côté est le vrai talent et le vrai réalisme. Si c'est dans l'esprit de la Bible que l'écrivain parle des turpitudes humaines, son œuvre sera salutaire, sinon il souille sa plume et précipite les âmes dans la corruption.

On nous dit encore : « Le roman est un jeu « d'imagination destiné à délasser, pourquoi « voulez-vous qu'il ait une si grande influence « sur les mœurs. Protégez les adolescents, « les jeunes filles contre certaines lectures, « mais laissez les esprits forts dans leurs « livres quels qu'ils soient, l'influence sur « eux sera nulle. »

Nous pensons que les adolescents et les jeunes filles valent la peine qu'on prenne soin d'eux ; ils forment justement l'immense majorité des lecteurs et des lectrices que le roman malsain attire. Et si ces jeunes âmes sont avilies, c'est un immense malheur, elles forment l'avenir de notre pays, et qu'attendre d'elles si le ressort moral qu'elles possédaient est brisé, si le poison a tué en elles toutes les énergies pour tout ce qui est bien, tout ce qui est juste. Nous ne saurions admettre que le commerce habituel des mauvais livres soit sans danger pour les esprits forts. L'influence mauvaise se fait sentir à notre insu, nous n'appelons pas toujours nos pensées, elles viennent d'elles-mêmes à notre esprit, elles sont élevées ou basses, grossières ou raffinées suivant que nous nous nourrissons de choses viles ou supérieures. « Dis-moi ce que tu lis, « je te dirai qui tu es. »

Il se produit chez les personnes soi-disant fortes un désordre des mœurs plus ou moins apparent, fruit naturel des lectures malsaines ; des crimes mêmes peuvent être la conséquence de ce premier désordre. C'est une chose désolante à constater, mais les personnes qui semblaient pures, les mieux gardées, le seraient restées si elles n'avaient pas subi le contact malsain du livre. Le jeune homme, par exemple, a lu en cachette le roman prêté, peu à peu il a délaissé son travail de tous les jours, ses habitudes ont changé, peu à peu il s'est corrompu, et il s'en est allé flétri, destitué, finir sa vie dans une maison de santé ou bien il a mis fin à ses jours par le suicide. Nous reconnaissons volontiers qu'une bonne éducation, la vigilance dans la famille et à l'école, des principes d'honneur, de religion ne permettent pas toujours aux pires lectures de porter leurs fruits les plus amers. Toutefois, les lectures malsaines, une fois qu'on y a goûté, font autant de mal par le bien qu'elles empêchent de faire, que par les actes répréhensibles qu'elles inspirent. Que de jeunes gens ne rencontre-t-on pas, blasés sans cause apparente, n'osant pas le mal si vous voulez, mais sans volonté pour le bien ; ils ont l'air ennuyés, tout les fatigue même la joie, ils s'aigrissent à la moindre contrariété, ils ont lu à n'en pas douter le roman immoral, ils rêvent les aventures, les héritages, les mariages, les fêtes, les impossibilités de leurs lectures.

Il y a une catégorie de personnes appelée à remuer la fange, soit par leur position sociale, soit par les services qu'elles peuvent rendre à la cause du bien ; mais il faut dans ces cas-là une main expérimentée et solide; c'est se jouer de Dieu que de prétendre ouvrir impunément un ouvrage malsain. Le mal a déjà assez d'attraits sans que nous ayons besoin de faire connaissance avec lui de propos délibéré et sans que rien le justifie.

IV

LE REMÈDE

Il faut commencer par se guérir soi-même, car nous essaierions en vain de combattre le mal, et comment, d'ailleurs, pourrions-nous agir autour de nous si nous sommes possédés nous-mêmes par le démon des lectures malsaines ? Beaucoup de personnes croient pouvoir lire de tout pour être plus capables de réagir contre l'influence des lectures condamnables une fois qu'elles les connaissent ; c'est un moyen regrettable, car leurs intentions sont méconnues, ignorées ; en tout cas, leur exemple est fâcheux et nous avons suffisamment dit qu'il y avait danger pour les âmes soi-disant fortes à des lectures semblables. Toutes les fois que l'occasion s'en présente, nous devons manifester hautement et publiquement le dégoût que nous inspire, sous toutes ses formes et sous tous ses aspects, la mauvaise littérature. Chose étrange, on rencontre souvent des gens qui défendent la morale et la religion dans leur conduite et qui font du roman malsain leur lecture ordinaire ; comment s'étonner après cela de la puissance du mal dans le monde.

Fermez donc d'abord, **ô lecteurs**, tout livre d'où s'échappe un parfum douteux dès les premières pages, n'admettez dans les rayons de votre bibliothèque que des livres que vous puissiez ouvrir sans rougir devant les regards les plus purs. Pourquoi n'y aurait-il pas des sociétés de tempérance littéraire dont les membres prendraient l'engagement de s'abstenir de toute lecture malsaine, de refuser le journal qui porterait atteinte aux mœurs, voilà certainement une ligue appelée à faire tout autant de bien que la ligue contre l'alcool ou le tabac, et qui oserait prétendre aux ravages moins nombreux de la mauvaise littérature dans notre pays.

Beaucoup de personnes se contentent de dire : « Il y aurait quelque chose à faire », prétexte admirable pour ne rien faire du tout. Dans quelque milieu que nous agissions, nous pouvons, par notre parole, par nos écrits, par nos dons, notre influence, combattre le fléau dont nous souffrons ; nous sommes grandement coupables si nous laissons au mal pleine et entière liberté de se développer. En vérité, il ne vaut pas la peine de faire partie de l'humanité, si nous n'essayons pas d'accomplir notre tâche sur la terre, celle de travailler suivant nos moyens au relèvement moral de nos frères. Notre cause n'est-elle pas celle du bien, qu'attendons-nous pour nous mettre à l'œuvre ? Suivant le milieu où nous sommes placés, nous avons des devoirs spéciaux que nous voudrions examiner maintenant au point de vue pratique et sur le sujet qui nous est à cœur.

Nous attendons peu de nos **législateurs**,car ceux-ci ne sont pas toujours pénétrés de la noble mission qu'ils ont à remplir, celle de guérir les plaies sociales, ou bien considèrent-ils comme insignifiant le mal que nous déplorons; d'ailleurs, les lois ne pourraient en aucune façon modifier les mœurs ; il faut agir avant tout sur la conscience, et un décret quelconque ne peut pas avoir d'influence intérieure sur les peuples; il nous faut donc des mœurs et c'est à chacun de nous de travailler à relever le niveau moral de notre génération. Nous voudrions pouvoir agir sur les **auteurs** qui ont charge d'âmes, nous voudrions leur dire : soyez vertueux, croyants, libres, respectez ce que vous aimez, sanctifiez votre âme. Quelle écrasante responsabilité n'assumez-vous pas lorsque, par vos écrits, vous répandez la semence corruptrice dans les âmes. Vous continuez à agir même après votre mort et quelle honte, ne devriez-vous pas éprouver en quittant cette terre, en pensant que vous avez mis votre plume au service des pires instincts de l'âme. Nous sommes, il faut le dire, lassés, écœurés de cette littérature pourrie, de ces exhibitions de l'adultère et de la honte.

L'heure est grave et il vous faut remonter avec nous, vous les auteurs de vrai talent, la pente funeste qui vous conduirait jusqu'au dernier degré de l'abjection en littérature. Donnez-nous, nous vous en prions, une littérature saine et élevée, quelque chose dans le genre de la *Case de l'Oncle Tom*, ce roman si pur, qui arracha un cri d'admiration lorsqu'il parut ; ce livre qui, sans intrigue amoureuse, avec des moyens simples, passionna tant de lecteurs. Georges Sand a dit de ce livre : « Où pourrait-on trouver des créations « plus complètes, des types plus vivants, des « situations plus touchantes, plus originales « que dans la *Case de l'Oncle Tom*.

Peignez-nous les victimes du vice, de l'égoïsme, les esclaves des passions, les parias de la misère, toutes les servitudes de la société, ce sera plus bienfaisant que vos peintures fleuries du vice, du bonheur dans l'adultère. On peut dire que le journal est l'unique lecture de bien des gens, eh bien ! répandez le bon roman dans le journal, semez par ce moyen et largement la bonne semence, vous étoufferez ainsi l'ivraie et vous l'empêcherez d'envahir le plus petit hameau, puisque vos feuilles maudites pénètrent jusque-là. Oh ! ces feuilles, qui dira leur nombre incalculable et les victimes qu'elles ont faites, le mal est d'autant plus grand qu'il se dissimule plus facilement, ne le trouve-t-on pas encadré entre un article politique et un autre scientifique dans les plis de la feuille anodine en apparence.

Qu'est-ce qu'un journal de cinq centimes et son supplément ou celui-ci tout seul ? et c'est pour cette minime pièce de monnaie qu'une âme s'est perdue à jamais, s'est suicidée, est devenue folle, que savons-nous encore ? Auteurs, encore une fois, réfléchissez avant de tremper votre plume dans la boue plus ou moins distillée, vous ne voudrez pas pour une misérable question d'intérêt matériel, car au fond, avouez-le, c'est cela qui vous pousse à écrire des infamies, vous déshonorer vous-mêmes et devenir pour les autres les meurtriers de leurs âmes.

Nous aurions tort de ne pas faire appel aussi à la conscience des **éditeurs** et des **imprimeurs** qui se considèrent trop souvent comme irresponsables de ce qu'ils éditent ou impriment.

Ceux qui aident à propager le mal ne sont-ils pas complices? Existerait-il une morale pour les auteurs et une autre pour les collaborateurs ?

Mais les **parents?** quelle responsabilité n'encourent-ils pas vis-à-vis d'eux-mêmes et de leurs enfants ! Combien ils doivent s'interdire absolument l'achat de tout livre ou journal licencieux ! Quelle vigilance ne doivent-ils pas exercer autour d'eux ! Le père de famille apporte couramment à la maison un journal qu'il a acheté pour se distraire en allant au bureau, au magasin, en revenant de voyage ; les enfants l'ont saisi sur la table, heureux quand ils n'ont pas su lire ou qu'ils n'ont pas compris la portée de l'écrit malsain.

D'un autre côté, on a vu des mères de famille se nourrir d'ouvrages qu'elles interdisaient à leurs fils ou filles. Est-ce logique ? Nous avons suffisamment dit qu'il n'y avait aucun bien à tirer des lectures malsaines, à aucune époque de la vie : c'est un jeu dangereux, même pour les plus forts.

Malheur donc aux parents assez dénaturés pour laisser entre les mains des enfants le livre corrupteur ou la feuille malsaine, deux fois malheur s'ils se nourrissent eux-mêmes, en même temps, de pareilles lectures.

Au terme de l'enfance, à cette époque où les passions commencent à bouillonner, nos enfants n'ont pas besoin d'être attisés, enflammés dans leur imagination ; c'est le moment ou jamais de les occuper utilement par des ouvrages tout à la fois instructifs et récréatifs.

Ah! si tous nos jeunes gens et jeunes filles avaient eu, à cette époque de leur vie, une saine direction, combien ne se seraient pas perdus, ou, tout au moins, auraient pu être utiles, quelque peu, où Dieu les avait placés ! Les **professeurs**, les **instituteurs**, en général tous ceux qui s'occupent de la jeunesse ne devraient jamais perdre une occasion de veiller sur leurs élèves et de leur parler des écrits malsains ; ils doivent s'efforcer de tourner les regards des jeunes âmes vers ce qui est élevé, ne pas les laisser dans l'oisiveté ou dans les rêveries vides et vagues, mais les encourager aux lectures fortes, honnêtes, capables de les détourner de ce qui est bas, car, lorsqu'on a pris goût aux feuilles ou livres pimentés, il est bien difficile de revenir aux saines lectures.

Les enfants peuvent être inspirés de bonne heure, avant que le mal les ait vaincus ; par une éducation solide et bénie, nous préparerons pour l'avenir des hommes honnêtes, des citoyens utiles à leur famille, à leur église, à la Patrie.

Un moyen pratique par excellence de combattre la littérature malsaine, c'est de substituer à celle-ci une littérature honnête. Non seulement, d'un bon livre, nous retirerons du bien pour nous-mêmes, mais nous en ferons profiter les autres. Il nous appartient d'activer la circulation des saines pensées, de combattre celle des mauvaises, et, par cela même, de surmonter le mal par le bien. Grâce à Dieu, nous aimons à lire, en France : c'est un filon qu'il faut exploiter. Pourquoi ne pas user de ce puissant moyen en répandant partout la bonne semence ?

Nous nous représentons volontiers tous ces bons ouvrages répandus largement où, au lieu des récits écœurants du vice, on montrerait les nobles modèles de la vertu. N'avons-nous plus de pensées généreuses, élevées ? Notre peuple est-il condamné à l'abaissement des consciences et de la volonté ?

Les **bibliothèques** répandues à profusion sont donc un contre-poison véritable, à condition qu'elles soient pourvues de livres et brochures dignes d'être lus, cela va sans dire.

Pourquoi ne pourrions-nous pas concourir à leur fondation, soit par des dons en argent, des dons en livres ; par cela même, aussi, partout où le besoin s'en fait sentir, pourquoi n'aiderions-nous pas à la fondation de salles de lecture, bien éclairées, bien chauffées, attrayantes, et où les ouvriers, les jeunes gens de toutes catégories viendraient avec plaisir et délaisseraient le café et les mauvais lieux ?

Nous avons toujours considéré comme une

excellente chose que nos bibliothèques d'unions chrétiennes fussent pourvues de bons livres et en grand nombre. Voilà, certes, un champ d'activité pratique : répandre le bon grain pour tous les jeunes gens qui, ayant horreur des lectures empoisonnées, veulent sauver leurs camarades, tous les jeunes, sur le bord de l'abîme ou déjà entraînés par la passion. Redoublons de zèle, nous tous qui comprenons la gravité du mal, pour jeter au sein des masses, avec abondance, le baume vivifiant des lectures saines, qui exaltent la dignité de l'homme, fortifient sa volonté, purifient ses instincts, améliorent sa raison. Œuvre utile par excellence pour la société et pour la patrie, parce que nous préparons des générations fortes, morales, sur lesquelles on peut compter réellement dans les mauvais jours.

V

CONCLUSION

Les moyens humains si pratiques qu'ils puissent être dans l'œuvre que nous poursuivons ne s'auraient être efficaces si l'esprit de l'Evangile ne nous pénètre pas tout entier. La lutte en nous-mêmes et en dehors de nous ensuite n'est possible qu'à ce prix. Le mal a trop de puissance pour que nous puissions lutter seuls, il nous faut l'aide de Dieu la force, le guide, le point d'appui en Lui. Notre grand but alors sera non seulement de détourner les âmes du poison des lectures malsaines, mais surtout celui de les amener à la connaissance de la parole de Dieu, la Bible, le Livre des Livres. Plus nous lirons nous-mêmes ce Livre par excellence, moins nous nous sentirons disposés à des lectures mauvaises, et nous agirons sur les autres avec d'autant plus de force que nous serons forts à notre tour. Nous croyons fermement que la plus grande part de nos connaissances humaines et de notre civilisation est due indirectement à la Bible, car il existe une différence sensible entre ce livre et les ouvrages qu'on a coutume de citer comme guides de morale. Répandons alors largement le Livre des Livres. Dans notre société, Dieu en soit béni, on a beaucoup fait pour soulager les maux du corps, nous avons des hôpitaux avec d'immenses ressources, des sociétés de bienfaisance de toutes sortes ; l'Etat encourage telles œuvres fondées par des particuliers et destinées à sauver de l'ignorance, de la misère, de la vieillesse malheureuse, et pourtant le corps n'est pas le but de la vie et n'est-ce pas une chose absurde que cette indifférence presque absolue pour les misères morales de notre époque. Dans la Bible se trouve le remède à toutes ces misères-là, et ils sont nombreux ceux qui ont fait l'expérience de ces choses. Quel que soit l'état d'abjection dans lequel une âme soit tombée, le relèvement est pour elle si elle s'empare avec foi et un profond repentir de ses fautes, des promesses contenues dans la Parole de Dieu ; elle puise en même temps la force de triompher désormais des attaques de l'esprit méchant et de marcher dans la voie de la vie éternelle et du bonheur. Ne nous laissons pas effrayer par la grandeur du mal et le sentiment de notre faiblesse. Dans ce grand combat, si Dieu est avec nous et si nous sommes fidèles à la place qui nous est assignée, soyons persuadés qu'il bénira nos efforts, demandons-le Lui dès maintenant et que nous puissions avec saint Paul nous rendre ce témoignage : « J'ai combattu le bon combat, j'ai gardé la foi. »

www.ingramcontent.com/pod-product-compliance
Lightning Source LLC
LaVergne TN
LVHW052011160826
845678LV00003B/1005

* 9 7 8 2 3 2 9 6 5 2 9 2 4 *